地理发现之旅

谢登华 编著　丛书主编 周丽霞

火山：愤怒的疯狂地球

汕头大学出版社

图书在版编目（CIP）数据

火山：愤怒的疯狂地球 / 谢登华编著. -- 汕头：
汕头大学出版社，2015.3（2020.1重印）
　（学科学魅力大探索 / 周丽霞主编）
　ISBN 978-7-5658-1728-1

　Ⅰ．①火… Ⅱ．①谢… Ⅲ．①火山－青少年读物
Ⅳ．①P317-49

中国版本图书馆CIP数据核字(2015)第028231号

火山：愤怒的疯狂地球　　HUOSHAN：FENNU DE FENGKUANG DIQIU

编　　著：谢登华
丛书主编：周丽霞
责任编辑：胡开祥
封面设计：大华文苑
责任技编：黄东生
出版发行：汕头大学出版社
　　　　　广东省汕头市大学路243号汕头大学校园内　邮政编码：515063
电　　话：0754-82904613
印　　刷：三河市燕春印务有限公司
开　　本：700mm×1000mm　1/16
印　　张：7
字　　数：50千字
版　　次：2015年3月第1版
印　　次：2020年1月第2次印刷
定　　价：29.80元
ISBN 978-7-5658-1728-1

前　言

　　科学是人类进步的第一推动力，而科学知识的学习则是实现这一推动的必由之路。在新的时代，社会的进步、科技的发展、人们生活水平的不断提高，为我们青少年的科学素质培养提供了新的契机。抓住这个契机，大力推广科学知识，传播科学精神，提高青少年的科学水平，是我们全社会的重要课题。

　　科学教育与学习，能够让广大青少年树立这样一个牢固的信念：科学总是在寻求、发现和了解世界的新现象，研究和掌握新规律，它是创造性的，它又是在不懈地追求真理，需要我们不断地努力探索。在未知的及已知的领域重新发现，才能创造崭新的天地，才能不断推进人类文明向前发展，才能从必然王国走向自由王国。

　　但是，我们生存世界的奥秘，几乎是无穷无尽，从太空到地球，从宇宙到海洋，真是无奇不有，怪事迭起，奥妙无穷，神秘莫测，许许多多的难解之谜简直不可思议，使我们对自己的生命现象和生存环境捉摸不透。破解这些谜团，有助于我们人类社会向更高层次不断迈进。

其实，宇宙世界的丰富多彩与无限魅力就在于那许许多多的难解之谜，使我们不得不密切关注和发出疑问。我们总是不断去认识它、探索它。虽然今天科学技术的发展日新月异，达到了很高程度，但对于那些奥秘还是难以圆满解答。尽管经过许许多多科学先驱不断奋斗，一个个奥秘不断解开，并推进了科学技术大发展，但随之又发现了许多新的奥秘，又不得不向新的问题发起挑战。

宇宙世界是无限的，科学探索也是无限的，我们只有不断拓展更加广阔的生存空间，破解更多奥秘现象，才能使之造福于我们人类，人类社会才能不断获得发展。

为了普及科学知识，激励广大青少年认识和探索宇宙世界的无穷奥妙，根据最新研究成果，特别编辑了这套《学科学魅力大探索》，主要包括真相研究、破译密码、科学成果、科技历史、地理发现等内容，具有很强系统性、科学性、可读性和新奇性。

本套作品知识全面、内容精炼、图文并茂，形象生动，能够培养我们的科学兴趣和爱好，达到普及科学知识的目的，具有很强的可读性、启发性和知识性，是我们广大青少年读者了解科技、增长知识、开阔视野、提高素质、激发探索和启迪智慧的良好科普读物。

目 录

冰川上的火山

在瓦特纳冰川上有一个巨大的火山口，被称为格里姆火山口。从地质学的角度来说，这个冰岛是新近形成的。冰岛屹立在6400米厚的玄武岩上，在过去二千多万年以来，由于大陆漂移，使得欧洲及北美洲产生背向移动，造成了中大西洋海岭上一处很深的裂缝，玄武岩便是从这个热点涌出来的。冰岛的心脏地带满布火山、火山口及熔岩，有约十分之一的土地被熔岩覆盖着。冰岛境内共有100多座火山，其中活火山20多座。

冰河时代的格里姆火山

在上次冰河时期的二百多万年间，冰岛上的火山岩表被厚达

1600米的冰川凿开，冰期随即在约一万多年前宣告结束。

　　火山的周期性爆发可将周围的冰层融化，冰水借此形成湖泊。湖水不时地突破冰壁，可引起洪灾。格里姆火山口内的热湖深488米，湖泊被200米厚的冰所覆盖，但来自底下的热量却使得部分冰融化了，冰变成水后立即占据了更大的空间。在格里姆火山口，不断增大的水量用不了多久就会将冰层冲破，猛烈的水流在流动过程中可带走其路径中的一切，包括高达20米的冰块。20世纪以来，格里姆火山每隔5年~10年就会不同规模的爆发一次。火山喷发出的火焰与冰川移动的冰块构成了瓦特纳冰川变幻莫测的气氛。有专家认为，冰岛东南部瓦特纳冰川融化引发的洪水，极有可能是该冰川下的格里姆火山将要爆发的前兆。

冰川与火山喷发的关系

　　吉贾河在瓦特纳冰川，涌入这条河流的洪水，来自于格里姆火山结冰的火山湖。因为温度的升高，使得该冰冻湖和周围冰川地区开始融化，融化的冰水随之流入火山湖，使得火山湖水满溢出来，从而形成了激流奔涌的现象。当河流发生奔涌的时候，格里姆火山的压力随之减低，而在压力减低的情况下，火山就很有可能爆发。当然，这也并不是百分之百的肯定，因为往往火山只有在累积了足够多的岩浆时才会喷发。但是之所以这样说，也是有一定根据的。格里姆火山是冰岛最为活跃的一座火山。2004年，在格里姆湖发生类似洪水后，这座火山很快就喷发了，而在格里姆河达到最高水位前，火山喷发不太可能。

2011年的一次喷发

2011年5月22日夜间，冰岛格里姆火山又一次喷发了。火山喷发出的大量气体和尘埃被抛入19千米的高空，使得国际机场被迫关闭。5月23日，火山附近区域陷入一片黑暗。有专家说，这次火山爆发产生的大量灰尘，可能会在2011年5月24日抵达苏格兰北部地区，2011年5月26日波及英国、法国和西班牙。

火山剧烈喷发时，产生了极为壮观的一幕。喷发是间歇性

的，时而有大量浓烟直冲云霄，强烈喷射出的火山灰把大片天空"染成"了黑色，火山口附近区域的建筑物、汽车和旷野均被一层厚厚的灰色火山灰覆盖。而在火山喷发不久，不断翻腾的火山灰云就迫不及待地奔向了格陵兰，之后又改向欧洲前进。据说，这次火山爆发的强度比前一年距此约128.75千米的埃亚菲亚德拉火山的爆发强度更大，但是前一年的火山爆发导致世界各地的1000万名乘客滞留机场，而格里姆火山则不会产生相同规模的全球影响。

由于冰岛格里姆火山喷发，该国宣布取消所有国内航班，同时关闭了主要的国际机场，以防止大量的火山灰给航空安全带来影响。虽然格里姆火山历来喷发的规模都不大，但冰岛大学的地球物理学家马格努斯称，本次喷发是该火山100年来最为强烈的一次活动，能量是2004年喷发的10倍，造成的危害可想而知。

延 伸 阅 读

中国西南部2亿6千万年前曾有过剧烈的火山爆发。这次火山爆发破坏力非常强大，它导致了二叠纪中期物种的灭绝。此次物种灭绝导致地球上96%的海洋物种灭绝，三叶虫、海蝎以及重要珊瑚类群全部消失，但是为恐龙等爬行类动物的进化奠定了基础。

维苏威火山

　　提起维苏威火山，相信知道它大名的人一定不少。维苏威火山是意大利乃至全世界最著名的火山之一，位于那不勒斯市东南，海拔高度1281米。维苏威火山在历史上曾多次喷发，其中最为著名的一次是公元79年的大规模喷发，灼热的火山碎屑流毁灭了当时极为繁华的拥有2万人口的庞贝古城，这是一个震惊全球的灾难性消息。目前，该火山已经被认为是"意大利最大的公众安全隐患"，没有人能够预测其下一次爆发会在何时。

"消失"的庞贝古城

　　公元79年，维苏威火山的喷发，埋葬了一个极度繁华，并拥有上万人口的美丽古城，这是一个损失，更是一个遗憾。在这次喷发中，被埋葬的不只庞贝古城，另外，还有当时的赫库兰尼姆和庞培两镇被毁灭。

　　公元79年8月23日深夜，维苏威火山爆发了。先是熔化的岩石以超音速的速度冲出火山口，当火山内部承受不住巨大压力时，惊天动地的喷发令火红色的砾石飞上7000米的高空，然后，灼热的火山碎屑暴雨一般从天而降，向着庞贝倾泻而来。下落的火山碎屑在庞贝城中不断堆积，建筑物因承受不住重压而倒塌。

同时，炙烫的岩浆裹挟着碎石冲下维苏威火山，以每小时160千米的速度到达庞贝，覆盖了整座城市的每一条街道。紧接着，黑色的火山灰从火山口上空滚滚而来，那一刻，人们感受到了死亡的来临。庞培城只有四分之一的居民幸免于难，其余的不是被火山灰掩埋，就是被浓烟窒息，或者被倒塌的建筑物压死，其情景惨不忍睹。

　　在维苏威火山爆发18个小时后，曾被誉为美丽乐园的庞贝城从地球上消失了。直到十八世纪中叶，美丽的庞贝古城才被考古学家从数米厚的火山灰中挖掘出来，历经千年后得以重现人世。而让人感到神奇、惊喜的是，那些被火山灰埋葬了的古老建筑都

仍被完好地保存着。这一史实已为世人熟知，目前重见阳光的庞贝古城是意大利最为著名的一处游览圣地。

高空看维苏威火山的全貌

从高空俯瞰维苏威火山的全貌，那是一个漂亮的几近圆形的火山口，这一奇迹正是公元79年的那次大喷发形成的。其实维苏威山并不很高，偶尔走在火山渣上面，脚底下还能发出沙沙的声音。由于维苏威火山一直都是很活跃的，所以后期形成的新火山上一直没有长出植被，看起来略微有点秃，而早期喷发形成的位于新火山外围的苏玛山上已有了稀疏的树木。

维苏威火山口边缘有铁栏杆围着，可以防止游人发生意外。站在火山口边缘上可以清楚看到整个火山口的情况，火口深约一百多米，由黄、红褐色的固结熔岩和火山渣组成。而从熔岩和火山灰的堆积情况还可看出维苏威火山经历了多次喷发，熔岩和火山灰经常交替出现。

尽管自1944年以来维苏威火山没再出现大的喷发活动，但平时的维苏威火山并不甘于平静，仍不时地有喷气现象。它似乎在向人证明，它并未"死去"，只是处于休眠状态，在不久后的某一天，它会继续向人类张开巨大血口。

全世界最著名的火山之一

全世界最著名的火山之一——维苏威火山，位于坎帕尼亚平原的那不勒斯湾畔，于1944年喷发后形成。在维苏威火山地区及山坡低处，生活着有200多万人，沿那不勒斯湾海岸有工业城镇分布，山麓北部为小型农业中心。

山麓遍布葡萄园和果园，此地产的葡萄酒叫基督眼泪酒，古代庞贝的酒坛上多有维苏威的字样。山上高处遍布栎树和栗树杂木林。北坡树林沿索马山坡一直长到山顶，西侧长着栗树丛，海拔600米以上是遍布金雀花类植物的起伏不平的高原。而公元79年的那次大爆发留下的火山口已经被填平。再往高处，是不毛之地，在火山静止期长着一簇簇草地植物，还算有些生机。

维苏威火山经过几个世纪的静止后，频繁发生一系列地震，持续6个月且强度逐渐增加，1631年12月16日发生大喷发。山坡上很多村庄被毁，约3000人死亡；熔岩流抵海边，天空昏暗达数日之久。1631年后火山喷发特征发生变化，火山活动持续不断，喷发期的火山口几乎持续张开。长期以来的维苏威火山口总是缭绕着缕缕上升的烟雾，散发的热量足以点燃一张纸。

对于频繁造成灾害的火山地，给我们留下最深刻印象的莫过于活火山周围居住着的上百万的人口。这些生活在火山附近的人口并没有因为火山危险而从此远离火山，其实只要人们重视对火山的监测和研究，掌握了火山活动的规律并完善减灾措施，人类和大自然完全是可以和睦相处的。

延 伸 阅 读

维苏威火山地处欧亚板块、印度洋板块和非洲板块边缘，在各板块的漂移和相互撞击挤压下，于2.5万年前爆发形成。当时欧洲处于冰河时期，气候干冷、土地贫瘠、林木稀少，只有大片耐寒草原。随着欧洲气候的变暖，加上肥沃的火山灰，使得火山周边成为了植被茂密的富庶之地。维苏威火山曾是一座休眠火山，但在历史上喷发过很多次。最近的一次喷发发生在1944年。

埃特纳火山

埃特纳火山是欧洲一座活跃的火山，但它并非因此而出名。在希腊神话和古希腊著名诗人海希奥德、品达、埃斯库罗斯等人的作品中，埃特纳火山的大名屡屡出现。在希腊与罗马神话中流传着这样一个传说，说巨人族与奥林匹斯山众神战斗失败后，被压在埃特纳山下。由于巨人们一次又一次为冲破牢笼重获自由而努力不息，因此埃特纳山附近频频发生地震，火山喷发更是频繁。埃特纳火山，被认为是喷发次数最多的一座火山，已有过500多次爆发历史。

埃特纳火山简介

尽管埃特纳火山喷发次数很多，但是从某种意义上来说，它却是一座相对比较安全的火山。因为该火山喷发规模小且较为罕见，熔岩流动缓慢，这使得火山喷发时，人们有机会逃离。

埃特纳火山海拔高度近3400米，是欧洲境内最高的活火山。它喷射时的景象极为壮观，是地中海最大岛屿西西里岛的美丽景观之一。有科学家认为，埃特纳火山是地球上最古老的活跃火山，在近十年前该火山曾多次喷发。火山喷发出的环状烟雾，是非常罕见的一种景象。

埃特纳火山周围有200多个较小的火山锥，在剧烈活动期间，常流出大量熔岩。海拔1 300米以上有林带与灌丛，500米以下栽有葡萄和柑橘等果树。山麓堆积有火山灰与熔岩，有集约化的农业。埃特纳火山位于地中海火山带，是亚欧板块与非洲板块交界处。火山周围是西西里岛人口最稠密的地区。地质构造下层为古老的砂岩和石灰岩，上层为海成泥炭岩和黏土。

埃特纳火山喷发史

　　埃特纳火山下部是一个巨大的盾形火山，上部是300米高的火山渣堆。由于埃特纳火山处在几组断裂的交汇部位，所以一直活

动频繁，为有史记载以来喷发历史最为悠久的火山。其喷发史可以上溯到公元前400多年前，而近年来也一直处于活动状态，不断喷发的呈黄色气体和白色烟雾状，在距火山几千米远的地方都能看见，火山喷发时还伴有蒸气喷发的爆炸声。

据文献记载，埃特纳火山已有过500多次的爆发历史。它第一次已知的爆发是在公元前475年，距今已有2400多年的历史。而最猛烈的一次爆发则是在公元1669年，喷发持续了长达4个月的时间，滚滚熔岩冲入附近的卡塔尼亚市，顿时整个城市成为一片火海，2万人因此丧生。

18世纪以来，火山爆发更加频繁。1950年~1951年间，火山连续喷射了372天，喷出熔岩100万立方米，附近的几座市镇又被摧毁。1979年起，埃特纳火山一直维持喷发状态达3年时间，其中以1981年3月17日的喷发最为猛烈，掩埋了数十公顷的树林和众多葡萄园，数百间房屋被摧毁。

2007年9月4日，埃特纳火山再次爆发，炽热的岩浆和浓黑的烟雾在夜晚异常耀眼。由于不会造成严重危险，所以此次火山喷发还引来了大量慕名前来的游客。

2011年5月12日，火山又喷发了。在喷发活动最剧烈的时间段内，距离火山数千米外的村镇都能感受到房屋门窗的晃动，埃特纳火山的锅形火山口内岩浆夹杂着火山灰冲天而起，引发的巨响极为震撼。四处弥漫的火山灰飘落到了邻近的诸多区域、街道。但庆幸

的是造成的影响不大，更没带来人们所担心的地震。

火山喷发具有什么价值

尽管埃特纳火山给当地居民的生命财产造成了巨大威胁，但它所带来的巨大"利润"仍使得火山附近居民众多，他们不愿撤离故土，远走他乡。

因为火山喷吐出来的火山灰铺积而成的肥沃土壤，为农业生产提供了极为有利的条件。在海拔900米以下的地区，多已被垦殖，广布着葡萄园、橄榄林、柑橘种植园和栽培樱桃、苹果、榛树的果园。这带地区人口稠密、经济兴旺。

在埃特纳火山海拔900米~1980米的地区为森林带，生长有众多种类的树木，如栗树、山毛榉、栎树、松树、桦树等，为当地提供了大量的木材。

　　海拔1980米以上的地区，则遍布着火山堆积物，只有稀疏的灌木，山顶还常有积雪。由于埃特纳火山是活火山，即使是在休止期间，其内部也处在持续的沸腾状态，火山口则始终冒着浓烟，因此它被列为"高度危险区"，禁止游人登山游览参观。

　　虽说如此，但每次喷发，仍会吸引许多世界各地的游客前来观赏。居住在火山附近的人们在看到火山所带来的巨大利益后，选择了留下。人们不断与火山进行斗争，通过改变岩浆的流向，力求将埃特纳火山的破坏度降低到最小。

延　伸　阅　读

　　粗看起来埃特纳火山与一般的山峰没什么两样，因其海拔较高，山顶还有不少积雪，但仔细看就会发现，地下的火山灰就像铺了一层厚厚的炉渣，凝固的熔岩随处可见。站在火山之巅，人们能感觉到脚下的火山正在微微地颤抖，那感觉很奇妙，好像随着火山的脉搏一起跳动，这就是典型的火山性震颤。埃特纳火山上还不时地发出沉闷的气体喷出的声响，火山的热度通过地表传到游人脚上，只觉得脚底也是温热的。

堪察加火山群

　　堪察加火山群，位于俄罗斯远东地区的堪察加州，是世界上最著名的火山区之一，它拥有高密度的活火山，而且类型和特征各不相同。五座具有不同特征的火山构成了堪察加半岛的奇异景观，该半岛位于欧洲大陆和太平洋之间。除了具有特殊的地质特征外，堪察加火山还以其优美的景观和众多的野生动物著称于世。

堪察加火山简介

　　堪察加半岛是俄罗斯最大的半岛，从东北向西南延伸1200多千米，北部以宽仅100千米的地峡与大陆相连，面积37万平方千米，半岛上生长着各种植物。

　　堪察加是一块遍布火山的陆地，这里地壳不稳定，火山、地震尤为活跃。

　　堪察加火山群西临鄂霍次克海，东濒太平洋和白令海，长1250千米，面积达40多万平方千米。半岛有两座延伸的山脉，最高点海拔4750米。该火山群上共有127座火山，其中有22座是活火山。

　　克罗诺基国家自然保护区和南堪察加自然公园的活火山异常活跃，经常喷发，被称为是"世界上最美的火山"。圆锥状的克罗诺基火山和科里亚克火山的海拔都在3000米以上，就连较矮的阿瓦恰火山，海拔也有2741米，都十分美丽。欧亚大陆最高的火山——著名的克留契夫火山海拔4750米，每隔25年~30年就会猛烈喷发一次。

堪察加火山——火山特色

堪察加火山群的特点是火山密度高，且喷发形式多样。奇特的火山地貌和多式多样的温泉是这里的著名景点。克罗诺基活火山附近的间歇泉峡谷共有25个间歇泉，泉水所含的矿物质把周围的岩石染成了红、粉红、蓝紫和棕褐，甚是奇特。韦孔是最大的间歇泉，它喷出的沸水与蒸汽柱可高达49米，每隔三小时喷射约四分钟。

间歇泉峡谷位于风景秀丽的克罗诺基国家自然保护区内，面积约10300平方千米。克罗诺基湖是堪察加半岛最大的湖泊，位于克罗诺基火山西麓之下。堪察加火山群的气候和土壤适宜植物生长。虽然这里的火山活动极为频繁，但这里却茂密生长着800多

种植物。

　　与其他地区相比，南堪察加自然公园和南堪察加国家自然保护区的火山活动更为频繁，其中著名的有木特诺夫火山和克连尼曾火山，海拔高度分别为2323米和1829米。

　　1907年，什秋别利亚火山喷发，其所喷射出来的火山灰盖满了整个堪察加半岛，连100千米以外的彼得罗巴甫洛夫斯克的上空都被遮蔽得天昏地暗。

　　这些火山的存在，再加上千岛群岛的56座火山，使得这一带成为了有名的活跃火山带。

堪察加火山知识概况

　　堪察加半岛是世界上火山活动最活跃的地方之一，其岛上的各种火山现象就可充分证明这一点。在半岛上一百多座火山中，其中有29座近期内活动十分频繁。另外，其南部的克罗斯基自然保护区中还有不少死火山的存在。

　　半岛的中央被两座山脉环绕着，形成了类似大陆性的气候，而另外的其他地区则受海洋影响较大。这里1月份平均温度为−8℃，7月份平均温度为10℃。

该火山群的气候和土壤适宜植物生长，该地区的动物主要有棕熊、驼鹿、麋鹿、驯鹿、西伯利亚大角羊、雪羊、水貂、黑貂、北极狐、蓝狐、银狐、黑顶土拨鼠、麝鼠、大马哈鱼等。其中有一些属世界濒危物种。

熊、雪羊、北方鹿、紫貂和狼獾是该地区的典型动物类型。各种各样的鸟类则应有尽有，数不胜数。

1996年，堪察加火山群被列入《世界遗产名录》。

延　伸　阅　读

火山喷发的危害：火山爆发时喷出的大量火山灰和火山气体，会对气候造成极大的影响。因为在这种情况下，昏暗的白昼和狂风暴雨，甚至泥浆雨都会困扰当地居民长达数月之久。火山灰和火山气体被喷到高空中去，它们会随风散布到很远的地方。这些火山物质会遮住阳光，导致气温下降。火山爆发喷出的大量火山灰和暴雨结合形成泥石流能冲毁道路、桥梁，淹没附近的乡村和城市，使得无数人无家可归。泥土、岩石碎屑形成的泥浆可像洪水一般淹没整座城市。

圣托里尼火山

圣托里尼火山是位于希腊圣多里尼岛上的一座活火山，位于圣托里尼海岸线上崎岖的悬崖就是这个壮观美丽的希腊岛屿动荡历史的真实见证。圣托里尼火山高约300米，悬崖由浮石层、火山灰和岩浆凝固形成。据推测，"圣托里尼"下面的火山在过去的20万年里喷发了12次，其中公元前1650年的灾难性喷发是整个地球在过去一万年以来最大的一次火山爆发。

一万年以来最大的一次爆发

发生在公元前1650年的一次火山爆发，创下了一万年以来火山爆发最强烈的记录。也可以说自有记载的人类历史开启以来，可能还没有哪次火山爆发如同3500年前发生在希腊圣托里尼岛的的一次火山爆发留下如此深重的印记。

此外，这场火山的喷发很可能导致位于克里特岛先进的米诺斯文明的崩溃，甚至有人说"在火山中失去的亚特兰蒂斯大陆"的传说也由此而来。

如今的圣托里尼岛火山口的景色非常壮观，到火山口去游览是来圣托里尼岛最为重要的一个观光项目。尽管它目前是一座"正在沉睡"的火山，但人们对它的敬畏之心却丝毫未减。无论是否看过或看过几次火山，圣托里尼岛火山口的壮观景色都将给人们留下难以磨灭的印象。

圣托里尼火山口的中心现在是一个充满水的湖，在火山口的平面处可以仰视高达300米的火山口悬崖和星罗棋布地散布在其中的带有蓝色窗户的白色建筑还有蓝色穹顶的教堂，这些建筑独具特色，尤为壮观。

观看圣托里尼岛火山口最好的观赏处是锡拉、奥伊亚、斯卡洛斯和阿卡罗提利。在这几个不同的方位通过不同的角度都可观察到火山口的景色和获得对该火山口更为完整的印象。如果想更

靠近火山口去看个究竟，那么随便乘坐一个小型潜艇就可到达火山口下的深水域去游览一番。

"圣托里尼"火山爆发导致一个文明的消失

约公元前15世纪，也就是柏拉图年代的900年前，锡拉岛上的"圣托里尼"火山发生了一次大爆发，这次爆发导致火山口上建立的文明城市被毁灭，随后还引发了特大海啸。这次灾难性的火山喷发使得原本仰赖贸易的迈诺安文明受到了沉重打击，并就此一蹶不振。

根据古希腊哲学家柏拉图的著作，在遥远的古代，曾经有一块广阔的大陆，大陆上有块富饶的土地，土地孕育了具有高度文明的城邦国家，它的名字叫亚特兰蒂斯，也就是大西洲。突然有一天，天崩地裂，这块大陆沉入了海底，从此无影无踪。

但长久以来，人们一直认为有关亚特兰蒂斯的故事只是一个传说，因为那时还没有发现真正的考古依据。后来，人们在圣托里尼岛上挖掘出了阿克罗提利遗迹，在那儿找到了公元前16世纪的城市遗址，奇怪的是它和克里特岛上出现的米诺斯文明属同一时期，而米诺斯文明正是西方文明的起源。这一巧合不得不说明一个问题，又或许这不仅是个巧合。

后来，随着考古调查的深入，又清楚地表明了这座古城具有高度的文明以及富裕的生活，而它在被挖掘出来之前，是被埋在火山灰里的。再加上前面所说的火山爆发如何摧毁了圣托里尼岛的理论，学术界自此开始相信了圣托里尼岛就是早先的亚特兰蒂斯大陆。

公元前1500年的一次火山大爆发，把大陆的大部分刮走，并坠入海底，只剩下了现在还在海平面上的外围岛屿。在1960年，这个论点被公布于世，并成了至今最为人信服的有关亚特兰蒂斯的学说。

美丽的希腊

希腊是欧洲的文明古国，2700多年前就开始有文字记载的历史。它被誉为是西方文明的发源地，拥有悠久的历史，并对三大洲的历史发展有过重大影响。希腊景色优美，三面临海，国土的四分之三都是山地。

希腊面积为131944平方千米，包括希腊本土、爱琴海和爱奥

尼亚海中的诸多岛屿。希腊国家地貌具有多样性，无数的山脉，一望无际的平原，珍珠般的海港都是这里的特色。希腊悠久的历史和独特的地中海自然风光吸引了来自世界各地的游客。

爱琴海是地中海东部的一个大海湾，由于岛屿众多，又被冠以"多岛海"之称。

爱琴海的岛屿可以划分为七个群岛：色雷斯海群岛，东爱琴群岛，北部的斯波拉提群岛，基克拉泽斯群岛，萨罗尼克群岛，多德卡尼斯群岛和克里特岛。

爱琴海的很多岛屿和岛链实际上都是陆地到山脉的延伸。此外，爱琴海还是黑海沿岸国家通往地中海以及大西洋、印度洋的必经水域，在航运和战略上具有重要地位。

圣托里尼岛古名为希拉，后来为纪念圣·爱莲，于1207年被改为圣托里尼。其是爱琴海诸岛中较有名气的岛屿，距雅典110海里，是基克拉泽斯群岛中最南边的一座岛。

圣托里尼岛由3个小岛组成，其中2个岛有人居住，中间的1个岛是沉睡的火山岛。公元前15世纪时的那次火山爆发，使岛屿中心大面积塌陷，原来圆形的岛屿呈现了今天的月牙状。

延 伸 阅 读

希腊神话是我们听的最多的一个词汇，其神话或传说大多来源于古希腊文学。神话谈到诸神与世界的起源、诸神争夺最高地位及最后由宙斯胜利的斗争、诸神的爱情与争吵、神的冒险与力量对凡世的影响，包括与暴风或季节等自然现象和崇拜地点与仪式的关系。希腊神话和传说中最有名的故事有特洛伊战争、奥德修斯的游历、伊阿宋寻找金羊毛等。

长白山火山

长白山在中国是一座颇具地位的大山，它原是一座火山，目前处于休眠中。据史籍记载，自16世纪以来它爆发了3次，最上一次喷发还是在公元947年，据估计，当时喷发出的火山灰总量是最近冰岛火山喷发产生的1000倍。长白山火山爆发喷射出大量熔岩之后，火山口处形成盆状，时间一长，积水成湖，便成了现在的长白山天池。

长白山火山简介

　　长白山是古夏大陆的一部分，是一座著名的休眠火山。把时间追溯到约六亿年以前，这里是一片汪洋大海，从无古代到中生代，地球经历了加里东海西，燕山和喜马拉雅造山运动后，海水从历经沧桑的古陆上退去。长白山区的地壳发生了一系列的断裂和抬升，地下流出的玄武岩浆液，沿着地壳裂缝大量喷出地面，于是长白山的喷发历史自此拉开帷幕。

　　长白山火山有过多次喷发，也有过长时间的间歇，从16世纪开始活动到现在有过三次喷发。最后一次距今已有一千多年，长白山火山喷发的物质堆积在火山口周围，使长白山山体高耸成峰，形成了同心圆状的火山锥体，山顶上还堆积了灰白色的浮石、火山灰，加上长年累月堆积着的白雪，从远处望去，长白山就是一座白雪皑皑的山峰，尤为美丽，它也因此而出名。

长白山周围分布着约100多座火山，其中最大的火山口海拔2600米左右，直径达4.5千米，呈漏斗型，深达800多米。该座火山景观独特，是国内较为罕见的。

　　火山周围小的锥体，海拔高约在1000米左右。火口多为溢出口，形状各异，呈椅形、新月形，但山顶较平坦。著名的有西鹅毛顶子、东鹅毛顶子、西土顶子、东土顶子、西马鞍山、东马鞍山、赤峰、老房子小山等。这些多如繁星的小火山一同拱卫着长白山，构成了一片壮观的火山群。

一座休眠的火山

　　长白山天池火山是目前我国境内保存最为完整的新生代多成因复合火山，1199年～1201年的天池火山大喷发，是全球近2000

年来最大的一次喷发事件，当时喷出的火山灰可降落到远至日本海及日本北部的地方。由此可见，这次喷发规模有多巨大。

长白山是一个长期休眠的活火山，已经休眠了300年的时间。虽说休眠且时间这么长，但并不代表它就是安全的，因为世界上休眠数百年再次喷发的火山并不少见。地球物理探测表明，长白山天池下方有地壳岩浆囊存在的迹象，长白山天池具有再次喷发的危险，其喷发形式为爆炸式。由于天池具有20亿吨水的储量，所以毫无疑问，一旦喷发，将具有更大的破坏性。

新生代以来，中国东北地区在太平洋板块作用下，形成了一系列沿北东向展布的火山岩带。其在构造上位于东北最东侧的敦化—密山断裂以东地区，火山活动始于上新世晚期，总的火山岩分布面积接近两万平方千米，大小火山200余座，为中国最大的第四纪火山活动区。

长白山火山群位于吉林省的东部边境，以长白山截顶圆锥火山为主，周围有广阔的熔岩台地，台地上又有众多的小火山分布。龙岗火山群位于长白山火山群之西，包括靖宇县中部、辉南县东南部和柳河县东北部，主要在龙岗山脉的中段，由于第三纪以来有多次熔岩喷发，构成大片熔岩台地，所以该火山群火山活动也很频繁。

长白山火山喷发的形成

当长白山主体形成后，该区就进入了火山爆发的间歇期，地壳运动相对稳定。但是，在地质历史的漫漫长河中，长白山的地质演化历史只是短短的一瞬间。据研究表明，全新世以来天池火山至少有两次大规模喷发。

而如今的长白山火山还没有死去，只是处于休眠状态，称为休眠火山。据史料记载，自1597年以来，长白山火山曾有过三次小规模的间歇式活动。第一次喷发是在1597年8月26日（明万历二十五年）。据目击者记载，当时有"放炮之声，仰见则烟气张天，大如数搂之石，随烟折出，飞过大山后不知去处"。第二次喷发是在1668年（清康熙七年），长白山区下了一场"雨灰"（即火山灰）。第三次喷发是在1702年4月14日（清康熙十一年），喷发的相关说明，史料均有记载。另外，《长白山江冈志略》也记载说，火山喷发烧毁大量树木，附近的居民均拾来当柴火烧。由此可见，其危害性。

美丽的长白山天池

长白山天池是松花江之源，因为它所处的位置高，水面海拔达2150米，所以被称为"天池"。长白山位于中、朝两国的边界，气势恢宏，资源丰富，景色非常美丽。

长白山是中国十大名山之一，与五岳齐名，名光秀丽、景色迷人，被誉为关东第一山，2007年成为国家首批5A级风景区，因其主峰白头山多白色浮石与积雪而得名，素有"千年积雪万年松，直上人间第一峰"的美誉。

这里以长白山天池为代表，集瀑布、温泉、峡谷、地下森林、火山熔岩林、高山大花园、地下河、原始森林、云雾、冰雪等旅游景观为一体，构成了一道亮丽迷人的风景线。大自然赋予了其无比丰富独特的资源，使之成为集生态游、风光游、边境游、民俗游四位一体的不可多得的旅游胜地。

延伸阅读

1997年国家"九五"重点项目"中国若干近代若干活动火山的监测与研究"启动。中国地震局在长白山天池火山区开始了监测和研究工作。"九五"期间，中国地震局、吉林省地震局在长白山天池建立了火山监测站，包括：数字地震监测台网、定点形变观测系统、GPS流动观测网、地球化学观测网。"九五"项目的实施结束了对天池火山不设防的局面。

腾冲火山

　　云南腾冲被称为是"中国规模最大的休眠期天然火山博物馆"，这里共有97座休眠期火山，其中火山口保存较完整的火山达23座。

　　火山喷发后塑造的奇景是无与伦比的，火山地质总是能形成壮美奇特的景观，成为旅游胜地，有时我们陶醉其中，却往往忘记了它是座随时都可能喷发的活火山。

　　在这个布满火山的"博物馆"内，能看到火山堰塞湖、火山口湖、熔岩堰塞瀑布、熔岩巨泉等奇异景观。

好个腾越州，十山九无头

素有"天然地质博物馆"之誉的云南省腾冲县，地处世界瞩目的阿尔卑斯——喜马拉雅地质构造带之印度板块和欧亚板块急剧聚敛的接合线上，地下断层非常发育，岩浆活动也十分剧烈，是我国最为著名的火山密集区之一。

腾冲境内分布着大大小小高高矮矮的火山有90余座，构成了一个庞大的火山群景观。民间有谚语说："好个腾越州，十山九无头。"这无头的山，十有八九是火山。

这里有保存完好、形态典型的死火山群，最高的海拔2700米，相对高差为60米～1000米。97座新生代火山锥雄峙苍穹，火山锥体最高达214米，火口直径可达400米，深60米。有截顶圆锥状火山、低平状火山、盾状火山和穹状火山等多种类型。在火山熔岩台地上，有玄武岩溶洞及地下暗河。这种大棱柱状和节理状的玄武岩景观，不仅有很高的观赏价值，还具有特殊的科学考察价值。

腾冲火山群是我国最年轻的火山群之一，其规模和完整性居全国之首，古往今来，一直吸引着众多的科学工作者进行考察研究。

众多火山的形成

这些零散分布着的火山形成于距今约340万年到1万年的上新世至全新世，其中距今约1万年左右形成的火山共4座。较早形成的火山熔岩由于长期遭受强烈风化影响，火山锥体大多被破坏，仅完好保存下来6座仍能见穹丘地貌或火山山体的火山。

腾冲火山地热国家地质公园位于阿尔卑斯——喜马拉雅特提

斯构造带东段的腾冲变质地体内，印度板块与欧亚板块两个大陆板块陆——陆碰撞对接带东侧，以发育断裂构造、年青的火山活动和强烈的地热显示为其特征。

该地质公园在经历了漫长的地质演化，沧海桑田巨变，多次岩浆喷发和多次构造旋回后，留下了众多的地质遗迹，形成了世界奇丽的自然景观。

腾冲火山的潜在危险

腾冲火山区是我国活火山区地热显示最显著的地区，如热海地区的水温都在100℃左右，近年的水热活动似有增强趋势，也有发生过多起水热爆炸事件。深部地球物理探测表明，腾冲火山区的热海热田附近上地壳有明显的低速异常。

腾冲火山位于印度板块向北和向东碰撞带交界的雅鲁藏布大

拐弯附近，目前各种构造活动很激烈，这自然也增加了人们对腾冲火山再次喷发的忧虑。而专家也认为，腾冲火山有继续喷发的潜在危险。

火山周围的奇异景象

腾冲火山以其分布广、规模大而闻名，形成了我国最富有魅力的自然景观之一。零散分布的大小火山就像一个个精艺的盆景，极为壮观美丽。

站在大空山顶，向下俯瞰，北面的黑空山，南面的小空山及周围的火山群，将随你的视野无限展开，大面积势若奔腾的熔岩流凝成的石山以及巧夺天工的火山溶洞，幽静神秘，千姿百态。在这里，你能体会到一种纵览天下的豪迈感。

腾冲县城周围分布着火山群。城南的左所营因火山喷发的熔岩沿河谷奔泻而下，蜿蜒曲折，远远看去就像一条黑色大蟒，称火山蛇，大可和英国的"区人堤"和美国的"魔鬼岩"相媲美。腾冲地热众多，有汽泉、温泉、热泉、沸泉80余处，有硫黄塘大滚锅、黄瓜箐热气沟和澡塘河热泉。

此外，该景区还被誉为"天然花园"、"物种的基因库"等称呼。因为这里植被茂盛，森林浓郁，覆盖率达46.1%，高等植物达2500多种，另外，还生长有30多种珍稀保护植物，鸟类300余种，兽类100余种，珍稀保护动物60余种。处处是万物繁荣、生机勃勃的景象。

如果有兴趣，还可以尝试到火山口里走走，相信应该是另一种滋味。另外，由于这里具有丰富的火山岩资源，所以许多建筑物和装饰物都是用火山岩来做的。在公园里还可以买到当地人用火山石做的各种装饰物，如烟灰缸、花盆、小鱼等，十分有趣。

延 伸 阅 读

腾冲火山附近有一座被誉为"小富士"的打鹰山，山上鲜花争艳，山下湖水盈盈。明崇祯十二年，徐霞客曾游此山，并在《徐霞客游记·滇游日记九》中有记载称这里景色奇异壮观。打鹰山海拔高度为2614米，上尖下阔，呈典型的火山锥状，火山口直径为300米，深度100多米，是一座雄浑的近期火山。3万多年前曾经喷发过。

富士山火山

　　富士山是日本东京近郊的一座休眠火山，如今也成了日本的标志。富士山下有五个美丽的湖，湖光山色，十分优美，夏季人们可到这里钓鱼游湖，冬季又可在这里滑雪，是个有名的度假胜地。

　　富士山其实是一座休眠火山，据传是公元前286年因地震而形成的。自公元781年有文字记载以来，共有过18次喷发经历，最后一次是1707年，此后就变成了一座沉睡中的火山。

日本第一高峰

富士山被日本人民誉为"圣岳"，是日本民族的象征。富士山整个山体呈圆锥状，山体高耸入云，山巅白雪皑皑，放眼望去，就像一把悬空倒挂的扇子，日本诗人曾用"玉扇倒悬东海天"、"富士白雪映朝阳"等诗句来赞美它。

富士山是日本第一高峰，接近太平洋岸，位于东京西南方约100千米，是日本最高峰，同时也是世界上最大的活火山之一，目前处于休眠状态，但地质学家仍然把它列入活火山之类，相信未来某一天，该火山就会爆发。

日本岛国有100多处火山，平均每年都有一些火山喷发。而富士山火山自1707年以来就没有再喷发过，虽然现在安静了，但仍然是困扰东京3千万人口安全的问题。因为东京距离富士山以东只有112千米，而火山一旦喷发，将造成不可估计的巨大损失。

象征着日本自然、历史、现代的三大景点之一的富士山，山麓周长约125千米，连同山麓宽广的熔岩流一起，底部直径约40千米~50千米。

山顶的火山口地表直径约500米，深约250米。环绕锯齿状的火山口边缘有著名的"富士八峰"，即剑峰、白山岳、久须志岳、大日岳、伊豆岳、成就岳、驹岳和三岳。富士山属于富士火山带，这个火山带是从马里亚纳群岛起，经伊豆群岛、伊豆半岛到达本州北部的一条火山链。

富士山火山的命名史

富士山不仅在日本本国大名鼎鼎，在外乃至全球都享有盛誉。自古以来，这座山的名字就经常出现在日本的传统诗歌《和歌》中。富士名称最初源于虾夷语，即"永生"的意思，发音来自日本少数民族阿伊努族的语言，意为"火之山"或"火神"。富士山山体优美，是日本最神圣、最引以为傲的象征。

富士山又名圣山和不死山。富士山最开头被日本人称为"不死山"，因为它还是一座活火山，而且是从完全平整的地面"生长"到现在这么高的。

在明治时代，因由于"不死山"这个名字不文雅，所以"不死"两字被改为了同样读音的"富士"。富士山跨越了静冈、山梨两县县境，属富士火山带系山脉的主峰，山为圆锥，山麓则为优美的裙摆下垂弧度，正好位于骏河湾至系鱼川之间的大地沟地带上。

日本"圣岳"是如何形成的

作为日本自然美景的最重要象征，富士山是距今约一万年前，过去曾为岛屿的伊豆半岛，由于地壳变动而与本洲岛激烈互撞挤压时所隆起形成的山脉。形成约有1万年，是典型的层状火山，具有独特的优美轮廓。基底为第三纪地层。第四纪初，火山熔岩冲破第三纪地层，喷发堆积形成山体，后经多次喷发，火山喷发物层层堆积，成为锥状成层火山。

至今为止，富士山在山体的形成过程中，大致可以分为三个阶段：小御岳，古富士，新富士。其中，以小御岳年代最为久远，是在数十万年前的更新代形成的火山。古富士是从8万年前左右开始直到1万5千年前左右持续喷发的火山灰等物质沉降后形成的，其高度接近标高3000米。

　　距今大约1万1千年前，古富士的山顶西侧开始喷发出大量熔岩。这些熔岩形成了现在的富士山主体的新富士。此后，古富士与新富士的山顶东西并列。后来古富士的山顶部分由于风化作用，引起了大规模的山崩，最终只剩下新富士的山顶。

　　史上关于富士山喷发的文字记载有：公元800年~公元802年的"延历喷发"，864年的贞观喷发，以及1707年的最后一次喷发，这次由宝永山发出的浓烟到达了大气中的平流层，落下的火山灰积有4厘米厚。

　　此后仍不断观测到火山性的地震和喷烟，一般认为今后仍存在喷发的可能性。宝永山是富士山周围最显眼的寄生型火山，位于富士山东南斜面，在宝永山的西侧，有一个巨大的火山口。

奇异壮观的富士山景象

由于火山口的喷发，富士山在山麓处形成了无数山洞，有的山洞至今仍有喷气现象。最美的富岳风穴内的洞壁上结满钟乳石似的冰柱，终年不化，被视为罕见的奇观。山顶上有大小两个火山口。天气晴朗时，在山顶看日出、观云海是吸引世界各国游客来日本赏玩的一大原因。

富士山上有植物2000余种，垂直分布明显，植被茂密。山顶终年积雪。北麓5个堰塞湖争相辉映着皑皑白雪的富士山，湖光山色，风景优美，是个游览赏玩不可多得的地方。另外，这里还分布有各种公园、科学馆、博物馆和各种游乐场所。

延 伸 阅 读

富士山的北麓有富士五湖。从东向西分别为山中湖、河口湖、西湖、精进湖和本栖湖。其中，山中湖最大，湖畔设有许多运动设施。河口湖是五湖中开发最早的，河口湖中所映的富士山倒影，被称作富士山奇景之一。西湖又名西海，是五湖中环境最安静的一个湖。精进湖是富士五湖中最小的一个湖。本栖湖水最深，最深处达126米，且湖面终年不结冰。

镜泊湖火山

镜泊湖火山位于黑龙江镜泊湖西北约50千米，火山活动发生在2000年~3000年以前，在那里可以见到13个保存完好的火山口。从火山口内壁可观察到火山以喷发和溢流交替方式活动。在方圆20千米范围内有内岩壁陡峭形状不同的七个火山口连在一起，其中两座山口之间有熔岩隧道相通。镜泊湖火山是爆发的休

眠火山，历经千万年的沧桑变化，成为了低陷的原始林带，故称火山口原始森林。镜泊湖火山喷发物阻塞了牡丹江，形成了我国最大的火山堰塞湖——镜泊湖。

镜泊湖火山的面貌

火山主要由火山弹、岩饼、火山渣、浮岩、火山砾、火山砂等火山碎屑岩和熔岩组成的火山锥体，熔岩分布于火山口周围，大量充填于河谷。

镜泊湖全新世火山喷发和熔岩流造就了现代火山奇异的景观，包括火山口森林、熔岩隧道、和吊水楼瀑布，这些奇景与早期的火山堰塞湖——镜泊湖一起组成了著名的火山风景区。此外，附近还有小北湖、鸳鸯池及熔岩洞等景观，构成一处尤为奇特的熔岩风光。

镜泊火山是一座爆发过的休眠火山。大约是在一万年前的一次爆发，形成了大小不等、形状不一的10多个火山口。然而经过上千万年时间的变化，目前已成为低陷的原始林带，1958年森林调查队给其命名为"地下森林"。1993年林业部批准为国家级森林公园，每年来此游览的游客达10万人次以上。

说到镜泊湖火山，就不得不提到因火山喷发而形成的镜泊湖，因为它们是不可分割的一个整体。北国明珠——镜泊湖湖面海拔350米，湖长45千米，面积90平方千米。起初是安静地流淌在高山峡谷中的牡丹江，后来在大约一万年前的一次火山熔岩爆发中，被拦腰截断，于是它一改往日形态，形成了现在这个美丽的高山平湖。

壮观的镜泊湖奇景

镜泊湖历史上称阿拨、卜隆湖，后来改称呼金海，唐玄宗开元元年，被称为忽汗海。由于该湖水平如镜，光彩照人，自明代始称镜泊湖，后清朝称为毕尔腾湖，现今又被通称为镜泊湖，意思是清平如镜，就如它的形态一样。

美丽的镜泊湖以其别具一格的湖光山色和朴素无华的自然之美著称于世，1982年被国务院批准为国家首批44个重点风景名胜之一。

镜泊湖整个湖区被分为北湖、中湖、南湖和上湖四个部分，由西南向东北走向，蜿蜒曲折呈S状。湖中著名的八大景观有吊水楼瀑布、珍珠门、大孤山、小孤山、白石砬子、城墙砬子、道士山和老鸹砬子，这八大景观就犹如八颗光彩照人的珍珠镶嵌在万绿丛中，壮观极了！

其中，最为著名的是吊水楼瀑布，该瀑布可与闻名世界的"尼亚加拉大瀑布"相媲美，宽40余米，落差为12米。每到雨季或汛期的时候，这里俨然有"疑似银河落九天"的壮观气势。每逢晴天丽日，光照瀑布，则又有色彩斑斓的彩虹出现，其壮美奇景无不让来此观看的游客大为惊叹。而冬季枯水期，瀑布不见了，却又能观看到另一番景致。

在熔岩床上，有许多被常年流水冲击的熔岩块因磨蚀而形成的大小深浅不等的溶洞，这些溶洞，光滑圆润且十分别致。环潭的黑古壁，是一个天然的回音壁，游人在这里的轻歌笑语可经圆形石壁折射，又清晰地传到自己的耳边，十分有趣。

物产富饶的镜泊湖

镜泊湖火山不仅风光旖旎，而且物产富饶。首先，它是一个天然的大水库，蕴藏量16亿立方米，现已建成两座采用压力隧道引水的发电站，被誉为"地下明珠"。

另外，湖区水域还盛产鲤鱼、红尾等40多种鱼类。山产品种类更是繁多，在6000平方千米的面积上，生长有山葡萄、松子、

猴头蘑等。湖区还是个天然动物园，这里有野生动物及鸟类200余种，珍禽异兽更是举目可见。

镜泊湖一年四季都有着其独特分明的景色。春天，满山达子香，满湖杏花水；夏天，绿荫遮湖畔，轻舟逐浪欢；秋天，五花山色美，果甜鱼更肥；冬天，万树银花开，晶莹透琼台。除此之外，各项娱乐措施也是应有尽有，冰雪游乐丰富多彩，如冬季的冰雕、雪雕、滑冰、滑雪、滑道、冰上球类、冰上捕鱼、马拉爬犁等游乐项目。

风光秀丽的镜泊湖宛如一颗璀璨夺目的明珠镶嵌在祖国北疆上，它以其独特的朴素无华的自然美闻名于世，吸引了众多来自世界各地游客。

这里的气候主要特点是：夏、秋季凉爽、少风，所以来此的

最佳旅游时间是，每年的6月至9月份。因为这段时间的平均气温是17.3摄氏度，而且水位也是全年最高季节，瀑布更为壮观，加上少风，因此湖中波如平静，镜面湖的特色就会显得更为突出。所以如果你想一览镜泊湖的美景，那就千万不要错过这个时间。

延 伸 阅 读

关于镜泊湖，还有一个美丽的传说。据说很久以前，镜泊湖是由红罗女的宝镜化成的。红罗女是上古一位美丽的姑娘，常用宝镜的神光消灾解难，造福于民。后来，此宝镜被西王母夺去，红罗女上天与她争抢时，不慎将宝镜遗落在人间，于是就变成了风光绚丽的镜泊湖。

樱岛火山

　　樱岛火山坐落于日本鹿儿岛以南的鹿儿岛湾，是一座拥有三座火山顶的复合火山。它曾经是座安静的小岛，后来在1914年的一次火山喷发中，产生了大量火山岩浆，岩浆流淌了数月后使得小岛变成了陆地。1955年，樱岛火山进入了活跃期，其中2010年的那次大规模喷发让全世界的火山爱好者们惊喜不已。

鹿儿岛的象征代表

　　樱岛位在日本九州鹿儿岛县，是鹿儿岛的象征代表，目前是一座活火山，至今火山活动仍十分活跃。樱岛火山是由海拔1117米的北岳、海拔1060米的中岳与海拔1040米的南岳所构成的，面积共约为77平方千米。

　　距离鹿儿岛市区仅仅只有4千米的樱岛火山，有时可以看到火山口在断断续续的喷烟，而飘在樱岛上空的朵朵白云，就经常被认为是火山云。樱岛火山在约1万3千年前形成，原先是座海底火山，在3000年前开始爆发，时喷时停。

　　该火山共有过4次大规模的喷发，最大的一次发生在1914年，当时的浓雾直冲上8千米高空，流出的熔岩超过30亿吨，将附近的村庄和大海都吞没了，还极为夸张似地填平了当时樱岛和大隔半岛之间的海峡，将两者从此连接在了一起。

而最近爆发的一次是1946年，并且随时都有可能再爆发的危机。虽是这样，但岛内依然住了人，大部分依靠游客生意维生，同时还可将岛内的土产发扬光大。原本令人害怕走近的樱岛，如今已愈发变得可爱起来。从樱岛上吹来的风，夹带着黑色熔岩尘土，直接可进入到鹿儿岛居民的阳台，真切体验到了与火山一起生活的日子。

樱岛火山的喷发故事

鹿儿岛湾是由几个火山口连通而成的，岛上火山至今仍频繁爆发，沿山坡堆积了大量火山灰、砂、碎屑，一旦暴雨来临，就有可能发生泥石流。而如果樱岛火山喷发，产生的岩浆可足以与2.2万年那场史上最强的火山喷发相媲美，以至于形成如今长17千

米、宽23千米的火山口。

历史上，樱岛火山爆发过30次以上，而如今的樱岛还会经常喷出高达2000米~3000米的烟雾。当人们在樱岛散步时，仍能看到火山喷出的股股白烟，宛如白云飘浮在碧空。

据历史记载，从1471年起的10年间，该火山曾经陆续有过5次大规模的爆发记录，其中还产生出了数个新的小岛。火山在1914年元月开始喷火，之后的一个月，陆续有大量的火山岩浆流出，岩浆扩展到海中，冷却之后，便与九州陆地的大隅半岛相连，原本只能搭船前往的樱岛，也开始有道路可以抵达。

虽然樱岛已经减少了喷火的次数，但是仍然有小规模的火山爆发，几乎每天都有，而鹿儿岛市区也有樱岛的火山灰飘落。流出的岩浆在冷却后形成樱岛奇特的景观，熔岩更是成了居民们拿来制作美味料理——熔岩烧的道具。

樱岛火山上的展示中心

地图上来看樱岛，或许会对于它的名称产生疑惑，因为樱岛和鹿儿岛县的陆地连在一起，但却称之为岛。据说这是因为樱岛的形状，就像是一片漂浮在海面上的樱花花瓣，因此流传下了美丽的岛名。

站在樱岛半山腰的汤之平展望台，晴天时可眺望远方的雾岛。如果是黄昏，站在黑色的熔岩上，周围树木稀少，冷风吹来，会有一种置身月球的幻觉。岛上建有火山知识展示中心，展示了大量与火山有关的相关知识，也可以看到1914年大喷发后所留下的遗迹。

　　在整座樱岛上都可以看到强大火山爆发魄力的记录，为了让更多人能够了解火山的威力，樱岛上设有多处眺望所，不仅可以从各个角落观察樱岛的火山喷烟情形，也可以眺望附近的景观。

　　散步在全长1千米的熔岩道中让人亲近认识火山的地质景观，而从有村展望所眺望的美景更是一绝。在距南岳活火山喷发口最近的观察点处，能欣赏到360度的美景，可远眺广阔的熔岩原。拥有这些展示点，想要了解火山、亲近火山，真是方便极了！

樱岛火山公园相关景点

　　仙严园倚靠矶山，又称矶庭园，是具有仙岛之称的极具代表性的日本式庭院。仙严园建于嘉永5年，是当时萨摩藩主岛津齐彬的宅邸。起居室共13个房间，占地约5万平方米。

　　书院式的建筑外观，与自然环境融为一体的设计，游览客人可以在此一窥昔日城主的居家面貌。庭园内有日本最早的煤气灯——灯鹤灯笼，明治以前所生产的"摩雕花玻璃"也收藏于此。

　　园内不仅可以欣赏四季鲜花，还经常举办各种活动。此外，这里还有游乐场等设施，并可享受眺望的乐趣。前面是宽阔的锦江湾，再往远处是喷射山火、高高耸立的樱岛。矶庭园把这些景观融合其中，显得非常壮观。

延 伸 阅 读

　　在黑黝黝的火山土壤孕育下长成的樱岛大根（即大萝卜），重达30公斤，每个都生得非常巨大，大到可被列入吉尼斯世界纪录，因此也就顺理成章的成为樱岛特产。由于大根香甜多汁，周边小食亦应运而生，如酸萝卜、萝卜干等。此外还有世界最小的蜜橘——樱岛蜜橘，也是岛上居民的重要经济来源之一。

婆罗摩火山

　　婆罗摩火山位于爪哇东部，海拔高2329米，是腾格尔山的一部分，同时也是爪哇游客最多的旅游景点之一。如今的婆罗摩火山顶部已被夷平，里面的火山口仍不时向外喷出硫酸烟雾。作为印尼岛上的一座有名的活火山，婆罗摩无疑是美丽的、壮观的。

宛如褓褓里的婴儿

　　婆罗摩火山处于享有"千岛之国"美称的印度尼西亚，这

个多岛之国有多达4500座火山，世界著名的十大活火山，也在这里集聚了三座。这些火山景观在印尼政府妥善规划下，有的成为保护区，有的成为国家公园，而要说其中最美丽的，莫过于婆罗摩火山了。在熔岩面积达80平方千米的古老的天吉儿火山群中，婆罗摩火山就宛如一个襁褓里的婴儿，年轻而又充满着活力。

婆罗摩火山位于登格尔山山巅上。想要登上婆罗摩火山必须先攀登登格尔山。登格尔山犹如一个被削去尖顶的圆锥体，在顶部形成一个边缘高而中部低的大台地，南北宽9千米，东西长10千米，台地内是一片过去由登格尔火山爆发而形成的沙海。

放眼望去，沙海中矗立着三座活火山，其中之一便是婆罗摩火山。婆罗摩火山是印度尼西亚东爪哇地区集自然风光和独特民族风情于一体的著名旅游景点，深受世界各地游客的青睐。

神秘火山，真切体验
婆罗摩火山位于"婆罗摩—腾格尔—斯摩鲁山区国家公园"

内，是当地腾格尔部族的神圣之地，也是印尼最神秘、最有活力的一座火山。

婆罗摩火山最富魅力的景色是红日从东方喷薄而出的时候，不一会儿的时间，婆罗摩山顶就被染上了一大片金黄。当冉冉升起的红日与四周景色交织成一个五彩斑斓的世界时，让人不得不感叹大千世界的神奇与奥妙。

晨曦中，站在观景台往前眺望，观看云海景象。四座火山在云海缭绕中渐渐露出容颜，呈现最完美的组合：左边是拥有巨大

火山口的婆罗摩火山，兀自吐着含硫黄的白烟；右前方是呈锥形的巴托克火山；婆罗摩火山的正后方是平静的库尔西火山。在往远处，高耸的塞美鲁火山间歇性地喷出浓浓的火山灰，如梦如幻。在这里还可以感受到每隔15分钟的喷发，有人说，这是地球最动听、最美丽的呼吸。

在广阔无垠平坦的沙地上，婆罗摩火山就好像是一只巨碗，慢慢凸现出来。越靠近火山口，硫黄的味道越浓。火山口直径10千米，边沿为直立的石壁，高350米。在壮阔的巨碗底部，有一个黝黑的洞口，在空中随风而舞的硫黄烟柱就从这里生长、蔓延。脚下的泥土微微有些柔软，有些温暖，在这里仿佛可以真切感觉到火山的体温，甚至能听见它低沉的喘息。是的，它只是睡着了。

婆罗摩火山的神秘传说

关于婆罗摩火山的由来，在世居此地的腾格尔族人中流传着这样一段传说：一对久婚不孕的夫妇，得到了火山神的眷顾，答应赐给他们子嗣，但条件是把最后一子奉献给火山神。夫妇答应了火山神的要求，山神的允诺也应验了。

这对夫妇接连生了25个孩子，但尤以最后一个儿子最为聪明可爱，夫妇怎么也不忍心将他交给山神。终于有一天，他们全家潜逃了。

山神知道后很震怒，就用滚烫的火山熔浆吞噬掉了夫妇最小儿子的生命。在此的村民们都慑于山神的威严，便决定从此在爪哇历的每年12月14日，月圆之时，由印度教长老主持仪式，将村

里抽签挑选出来的婴儿投入火山口中，因此就形成了婆罗摩著名的"火山祭"。

这项习俗一直沿袭到荷兰人统治印尼后，才决定改用牛、羊、鸡代替活婴的不人道做法。而现在，火山祭已经成为了分散各地的腾格尔族印度教徒每年聚集一堂的重要庆典。

在那一天，印度教徒们顶着自己栽种的植物和饲养的动物，把登上火山口的天阶挤得满满的，共同祈求火山神灵的平安保佑和庆祝丰收。

火山套火山的奇特结构

婆罗摩火山不仅具有奇异至美的景色，此外，其本身也是一个奇特山体，它的特殊结构是大火山套小火山的形式。巨大的外火山，是远古的腾格尔火山，大约在82万年之前生成。

几十万年以来，这里的地貌发生了五次重大的变化。其中，火山最高的一次，曾达到4500米之高，为爪哇的最高峰。古腾格尔火山塌陷之后，形成了一个十分惊人的直径为16千米的巨大的外火山口。

2010年12月20日，婆罗摩火山喷发了。其连续喷发的浓烟高达800米至900米，并发出如雷巨响，火山观察站调升到最高的红色警戒。该火山的上一次爆发是在2004年，造成2人死亡。

延 伸 阅 读

多巴湖是一座位于印尼苏门答腊岛北部的火山湖，此湖呈菱形，长100千米，宽30千米，面积1130平方千米，是世界上最大的火山湖。7万多年前，这里发生过一次超级火山爆发，导致人口锐减，并最终形成了今天的多巴湖。有专家认为，多巴湖火山大爆发喷发出的3000立方千米的火山灰等物质，造成了绝大多数早期人类灭亡，只剩下约1万名成年人存活。

圣海伦斯火山

圣海伦斯火山是北美洲一座近期喷发的活火山，位于美国西北部华盛顿州，海拔2549米，属喀斯喀特山脉。在喀斯喀特山脉众多火山中，圣海伦斯火山是一座相对年轻的火山，大约在4万年前形成。30年前，它的一次喷发曾造成华盛顿州陷入混乱；2004年，该火山再次喷发，但规模很小。有专家预言，火山何时再喷发只是时间的问题。

一座年轻的活火山

圣海伦火山是一座活火山，山的名称来自英国外交官圣海伦

勋爵，他是18世纪对此地进行勘测的探险家乔治·温哥华的朋友。圣海伦火山是包含160多个活火山的环太平洋火山带的一部分，因火山灰喷发和火山碎屑流而闻名。

在1980年的大喷发前，圣海伦斯火山因形状匀称，山顶布满积雪，看上去就像日本的富士山，因此被称为"美国的富士山"，吸引了众多外来旅游者。

1980年3月27日，圣海伦斯火山在休眠了123年后，突然复活，1980年5月18日的喷发最为剧烈，烟云冲向2万米高空，火山灰随气流扩散到4000千米以外的地方，撒落在距火山800千米处的也有1.8厘米厚。火山周围附近的河流更是被堵塞、改道，许多道路被埋没。

　　剧烈的熔岩流还引起森林大火，使得周围几十千米内生物绝迹。由于山地冰雪大量融化，继而又形成了汹涌的急流，上升的水汽在空中凝结，暴雨成灾。使得冲刷下的火山灰形成泥浆洪流，从山上倾泻而下，严重破坏了沿途的农田、森林及一切设施。

　　在这次火山喷发后，附近的地形发生显著变化，原来的火山锥顶部崩坍，形成了一个长3千米、宽1.5千米、深125米的新火山口。

　　火山喷发共造成60多人死亡，多达390平方千米的土地变成了不毛之地。损失之大是美国历史上、也是20世纪以来地球上规模最大的火山爆发之一。

火山爆发活动的祖先时期

圣海伦火山早期爆发的时期是距今大约4万年至3.5万年前的"猿猴峡谷时期"、距今2万年至1.8万年前的"美洲狮时期"、和距今约1.3万年至8000年前的"雨燕溪时期",现代的时期被称作"灵湖时期",灵湖时期以前的时期被统称为"祖先时期"。

圣海伦火山在距今37600年前的更新世,即猿猴峡谷时期开始成长,并喷发出英安岩和安山石的轻石和火山灰。3.6万年前,一次大规模的火山泥石流沿火山泻出,而泥石流在圣海伦火山的所有爆发周期中都扮演着重要的角色。祖先时期的部分火山锥在爆发中分裂,并在距今1.4万年到1.8万年前的冰河时期被冰川搬运移动。

公元前1900年发生的火山爆发是圣海伦火山在全新世发生的

为人所知的最大规模爆发。

　　这一爆发期一直持续到约公元前1600年，喷发出的物质在80千米外今天的瑞尼尔山国家公园堆积了46厘米厚。公元前1200年左右，火山再度苏醒，这一时期持续到约公元前800年，以爆发规模较小为特征。

　　这次的爆发期十分短暂，且与火山的历史中其他爆发期有截然不同的特点。它带来了1980年之前唯一一次明确的定向爆炸式的爆发。岩浆首先从火山流出并形成了一个穹顶，接下来发生了至少两次猛烈的爆炸，产生了少量的火山碎屑，爆炸堆积物，碎屑流和火山泥流。

　　在约1480年的大爆发标志着卡拉玛时期的开端。1480年发生的爆发比1980年5月18日的爆发规模还要大几倍。卡拉玛时期在约1647年结束，这段时间圣海伦火山达到了其最高的海拔，也形成了高度对称的外形。接下来的150年里火山再一次回归平静。

如今新面貌的圣海伦斯火山

如今的圣海伦斯火山地区已成为美国国家火山的名胜地，政府为旅游者开辟了一条专用通道，也利用这个场所来教育人民，宣传火山喷发的危险性。

作为美洲最活跃的火山——圣海伦斯火山在过去一段时间，很不安分。高高的火山口经常会喷出浓浓的烟雾，站在火山附近可以感受到大地的颤动，地质学家将此称作"火山的低水平爆发"。虽然是低水平爆发，但仍然是有危险的。

1980年，圣海伦斯火山的喷发经验告诉人们，绝对不可以对貌似死亡的活火山掉以轻心。

延 伸 阅 读

关于圣海伦斯火山的喷发历史，仅有为数不多的记载和当地居民的传说。美国火山学家根据树轮年代学和长达几十年的全面考证和研究，确认历史上圣海伦斯火山最后一次大规模喷发是在1802年，且较小规模的喷发一直延续到1857年。在火山喷发前大约2个月前，火山下方开始出现地震活动，3月20日起在火山深处发生了几次地震，3月27日火山爆发。

黄石超级火山

位于美国怀俄明州的黄石国家公园破火山口占地面积近9000平方千米，是世界上最大的活火山。2011年1月，科学家们警告称，黄石火山或许已经进入活跃期。黄石超级火山作为目前唯一位于大陆上的活超级火山，其威力无法估量。据分析显示，该火山一旦喷发，将导致灾难性后果。

超级火山的喷发史

据地质学家推算，黄石超级火山在历史上有记载的喷发有上百次，最早的一次是在1650万年前，最后是在63万年前。其喷发的周期大约是60万年，加上最近几年太阳活动越来越剧烈，黄石超级火山似乎很快就要喷发了。而如果黄石超级火山爆发了，其巨大威力可能相当于是美国圣海伦斯火山的1000倍到8000倍。200万

年前的一次喷发，喷射出的火山灰和物质若堆在福建省，可高达20米。如果把圣海伦斯火山喷出的物质比作一粒豆子，那么黄石超级火山喷出的物质就是一个可以躲在后面的大球。

如果这个隐藏在美国黄石公园下的超级大火山爆发了，它所造成的恐慌是将会把美国中部的广大地区全部覆盖在火山灰下，可以想象一下，这是极为恐怖与可怕的一件事。目前黄石超级火山的动态，正在科学家们的严密监控下。对于这样一种毁灭性的灾害，人们能做的只是做好预防，最大程度地减少伤亡。

美丽、古老的国家公园

黄石公园是世界上最原始、最古老的国家公园，它建成于1872年并在1978年被列为世界自然遗产。黄石公园占地9000平方千米，大部分是开阔的火成岩高原地形。它最初吸引人们的兴趣，并使黄石成为国家公园的显著特征是地质方面的地热现象。该国家公园内拥有比世界上其他所有地方都多的间歇泉和温泉、彩色的黄石河大峡谷、化石森林，以及黄石湖，这些都是这里至美、让人惊叹的景点！然而，很多年来黄石国家公园的游客们根本没有意识到自己看到的是世界上最大的活火山。

美国的黄石国家公园是一个地质活动活跃区域，有世界上最大的间歇泉集中地带，全球一半以上的间歇泉都在这里。这里著名的间歇泉有"老忠诚喷泉"、"七彩池"等，这些地热奇观的存在就是世界上最大活火山的存在证据。

尽管黄石国家公园火山曾喷发过数次，破坏力也很强大，但是其爆发的规律性却令一些人感到担忧。人们的担忧来自于黄石国家公园三次大的爆发：一次是导致该地区火山口形成的210万年前的强烈火山爆发，70万年后第二次强烈火山爆发发生，再之后70万年第三次强烈爆发发生。这次爆发从火山口中喷发出来的物质将公园内大约近9000平方千米的区域全部覆盖，厚度超过1500米，形成大片的玄武岩，安山岩、流纹岩等，形成现在海拔2000多米的熔岩高原。火山爆发的规律性令人惊讶，因为，如果火山遵循这个规律的话，那么很可悲的是：如今又到了火山的活跃期。

黄石公园的地貌特征

首先，美国黄石公园是在火山爆发中形成的。黄石公园是整个"大黄石生态系"的核心地区，而"大黄石生态系"是地球上保存最完整、面积最大的温带生态系。6000万年以来黄石地区在地质年代里多次发生地震和火山爆发，不管规模大小，其巨大威力都严重威胁了人们的生活与生态问题。

美国黄石公园地下就是一座"超级火山"，其潜藏着摧毁地球的超级能量，它所喷发的岩浆能够埋没半个美国。躺在美国心脏地带的"超级火山"，其地质活动剧烈，地下岩浆含有大量二氧化硅，能将巨量的爆炸性气体凝固在岩浆内。一旦气体和岩浆凝固在一起，就会导致大规模喷发。其喷发的威力将可能超过火山喷发历史上最高等级的喷发规模。

延 伸 阅 读

所谓超级火山，是指能够引发极大规模爆发的火山。超级火山是从巨大的峡谷中喷发出来的，火山口直径甚至可达数百千米。超级火山的喷发，可以将火山灰喷洒到方圆6400千米的范围，火山灰中的含硫物质散布于空中，经过物理化学变化形成高浓度硫酸，可以导致大气中含有2000兆吨至4000兆吨硫酸，还可以使海水温度骤降6摄氏度左右，破坏力极其可怕。

基拉韦厄火山

  位于美国夏威夷岛东南部的基拉韦厄火山，是世界上活动力较为旺盛的活火山，至今仍经常喷发。在基拉韦厄火山山顶处有一个巨大的破火山口，直径长达4027米，深130余米，其中里面又包含许多小火山口。整个火山口总体上就是一个大锅，大锅中又套着许多小锅。在巨大破火山口的西南角有个翻腾着炽热熔岩的火山口，深约400米，其中的熔岩，有时向上喷射，形成喷泉；有时溢出火山口外，形如瀑布，当地土著人称它为"哈里摩

摩"，意思是"永恒火焰之家"。缓慢流动的熔岩是该火山最为独特的美丽景象。

全球最年轻的活火山

夏威夷岛位于太平洋构造板块中部的"活跃区"，由5座火山组成，其中基拉维厄火山是世界上最年轻，也是最活跃的一座火山。每天几乎都有数十万立方米岩浆从岛上的火山口内喷出。基拉韦厄火山的多次大规模喷发，创造了夏威夷群岛。基拉韦厄火山海拔虽不高，但却极为活跃，自1952年开始喷发过33次，最近的一次是在1986年的1月。

这里曾长期存在着一个世上最大的岩浆湖，面积广达10万平方米，通红炽热的岩浆一般有十几米深，常在湖中翻滚嘶鸣，仿佛一炉沸腾的钢水。在湖的边缘部分，经常产生暗红色的橘皮，将它们堆积起来，就像一捆捆绳子，橘皮有时破裂后再倾倒沉入炽热的岩浆中去。最为壮观的是，湖面上不时会出现几米高的岩

浆喷泉，喷溅着五彩缤纷的火花。这种种惊心动魄的景象，堪称是大自然中的一大奇观。

活跃的基拉韦厄火山

作为一座活跃的青年火山，基拉韦厄火山无时无刻不在活动，它平均每秒钟就会喷溢出约4立方米的熔岩。它的海拔高度超过1200米，比4个叠加起来的艾菲尔铁塔还要高。但在滚烫的熔岩下面，其深度更是无法测定的。基拉韦厄火山最引人注目的还是它半遮半掩的形象，因为我们现在所看到的并不是它的全部，其实它在海平面以下还有约5500米。由此，它确实是世界上最为庞大的火山之一。

不但庞大，它同样也是强有力的。它所喷射出的熔岩温度可高达1500摄氏度以上，足以熔化岩石。所以，基拉韦厄火山绝对能给人类带来巨大灾害，它对夏威夷岛上的任何东西都可产生难以想象的破坏，毁坏树木、野生动物、建筑物，简直易如反掌。

熔岩所经过的地方，生灵涂炭，任何事物都将被彻底毁灭。这不仅是由于熔岩的吞噬，最主要的还是它本身极高的温度。

1960年基拉韦厄火山大爆发时，熔岩流从高处奔腾而下，以极快速度涌入大海，很快，就在海边填造了一块约2平方千米的新陆地。1986年的一次喷发，也给大岛增加了约68667平方米的新土地。2002年7月29日，滚滚岩浆从基拉韦厄火山喷涌而出，流入大海，水火交融，形成了一片极为壮观的景象。2002年8月17日，火山喷出的火红岩浆涌向海边，宛如一条岩浆火龙。20多年来，基拉韦厄火山持续不断涌出的大量岩浆，已经毫不避讳地在夏威夷岛东南形成了几个新的黑沙滩，并使岛的面积不断扩大。

延 伸 阅 读

夏威夷群岛位于太平洋中部，是波利尼西亚群岛中面积最大的一个二级群岛，岛内共有大小岛屿132个，总面积16650平方千米，只有8个比较大的岛能住人。夏威夷的首府火奴鲁鲁坐落在这个岛上，它是几十万人口的大城市，有港口码头和国际机场。这里生活着夏威夷群岛百分之八十的人口。另外，这里还有世界著名的威基基海滨沙滩和美国海军基地珍珠港。

埃里伯斯火山

南极洲埃里伯斯火山是地球上最为靠南的一座火山。它自1972年开始喷发，活动具有规律性，海拔约为3794米，是一座冰雪覆盖的层状火山。在火山山顶处的火山口里还有一个火红的、长期存在的熔岩湖，显得尤为壮观。

埃里伯斯火山简介

埃里伯斯火山在罗斯海西南的罗斯岛上，早在1900年和1902

年都曾有过火山活动,喷火口宽约800米,深300米,四壁较为陡峭。火山口内外有随时活动的喷气孔,另有两个熄灭的喷火口,硫黄储量很大。

埃里伯斯火山很奇特,仅是它所处的独特位置不说,海拔高度也是如此之高,基座直径约30千米,山体更是和富士山相似,火山口里存在的古老熔岩湖,更是让这座火山如梦如幻,奇特至极!

追朔埃里伯斯火山历史

1841年1月9日,詹姆斯·克拉克·罗斯等人乘着他们的皇家海军"埃里伯斯"号和"坦洛"号航船浮现在广大冰山群中,之后进入罗斯海的辽阔水域。几天后,他们在荒无人烟的冰天雪地里看到了一座异常壮观的高大山脉,罗斯等人将该山称为阿德默勒尔蒂山脉。

航船顺着山脉的方向继续南行,1841年1月28日,据"埃里伯斯"号的外科医生罗伯特·麦考密克的记载，他们惊讶地看到在雪地里毅然矗立着"一座处于高度活跃状态的巨大火山"，当时，该火山还正在缓缓的冒着烟气。他们将这座火山取名为埃里伯斯火山，其东面的一座较小的死火山锥称为坦洛山。

那时的地质科学还处于一种萌芽状态，他们不敢相信在一个冰封大陆的冰雪世界中，居然存在着一座热气腾腾的巨大火山。

实际上，在南极洲火山岩是很常见的。尽管大部分火山岩的地质年代比较久远，而且在南极大陆不处在目前的极地位置时很具有代表性。

火山岩是造陆运动的重要显示器，可能还会有助于绘制涵盖全球表面的古代大陆历史变迁图。罗斯海中地质上年轻的麦克默多火山区以及玛丽伯德地的有关火山，其实就是南极洲近代造陆运动的典范。

埃里伯斯火山的攀登者

对一个火山热爱者来说，罗斯岛上的埃里伯斯火山就像一座神秘的灯塔。毫无疑问，想要征服这座火山，也是早期探险家和登山运动员的一个共同目标。欧内斯特·沙克尔顿在1907年~1909年的尼姆罗德探险期间，一行六人，由50岁的埃克沃思·戴维教授率领首次攀登该山。

功夫不负有心人，1908年5月10日，他们终于克服种种困难，到达了3794米高的顶峰。

在火山的顶峰，他们发现了一个直径805米、深274米的火山口，火山口底部是一个炙热的小熔岩湖。该熔岩湖至今仍然存在，埃里伯斯火山是拥有历史久远的熔岩湖的世界仅有的三大火山之一。1974年，一个新西兰地质队走进主火山口，并在那里

建造了一个营地，但是火山喷发的狂烈性阻止了他们深入火山口内部。1984年9月17日火山再一次喷发，大量火山熔岩弹抛出主火山口。

然而至今，这座火山的存在仍是地质学家探测的对象。当然，被吸引到这里来的不仅仅是地质学家，还有更多的现代探险家、摄影家，他们企图拍摄下来有关该火山所有色调照片的。

此外，植物学家们对于这座火山也是满怀兴趣的，他们对高耸于该山两侧的特拉姆威山脊有着特殊的情怀，因为在那里的火山喷气孔区暖湿地上滋生着丰富多样的绿色植物，这不能不说是一个奇迹。

多火山的南极洲

其实南极洲有许多火山，其中有一些火山在最近200年内都有

过喷发活动，特别是南大洋的一些岛屿火山。只是由于这个地区人烟稀少，火山多次喷发并没有目击者，所以造成没有火山喷发记载。

只有迪塞帕雄岛的火山危险半径内设有一个科考站。墨尔本山正位于从罗斯岛越过麦克默多海峡处，其主峰有喷气活动。水蒸气和零下的温度相结合，形成了许多细细的冰柱。喷气孔周围生活着一个独特的细菌植物群落。

1893年，挪威人拉尔森沿着南极半岛的东岸作了一次南下威越尔海的航行，并报道在锅尔努纳塔克斯看到的火山活动。多年来一直不被人相信，但是近期的一个研究工作发现了该区确实有喷气活动的证据。观看火山喷发总是能令人兴奋，而假若你看到的是冰地里的火山喷发，当熔岩与冰雪明显反差，那样的喷发将更为壮观。

延 伸 阅 读

1979年11月28日，新西兰航空901号班机在飞行途中撞向埃里伯斯火山，机上237名乘客和20位机组人员全部罹难，这是新西兰航空历来最严重的一次空难。至今，仍有大部分的飞机残骸被遗漏在埃里伯斯火山山上未被清理。平常飞机残骸被埋在冰雪之下，但当天气回暖，冰雪融化的时候，残骸会露出来，在空中清晰可见。

达洛尔火山

　　位于埃塞俄比亚的达洛尔火山是一座神秘的火山，其喷发活动所导致的盐分沉淀层，构成了一段神奇的地貌。达洛尔坐落于埃塞俄比亚东北部靠近与厄立特里亚有争议的边境地区。那里的部落人很不友善，因此该地区形势并不稳定，经常会发生袭击游客车队的事件，严重影响了当地旅游业的发展。

活跃的达洛尔火山

达洛尔一带的地质活动非常活跃，因为有达洛尔火山的存在。达洛尔火山位于埃塞俄比亚的达纳吉尔谷地，是地球上最低的陆地火山。该火山的喷发历史古老且久远，最近一次喷发还要追溯到1926年。目前，该地热区仍然会从地下释放出大量的热量和腐蚀性气体。

达洛尔火山温泉大多位于一个大型石墩上，石墩是岩浆向上喷涌而形成的，部分地区的盐类堆积物足有1千米厚。熔化的岩石使地下水温度升高，地下水将溶解的盐运送到地表，太阳无情

的热度很快又将水分蒸发掉。留下来的盐层则就呈现出了明亮的色彩，有黄色、红色、白色和绿色，这些不同的颜色来自于被硫黄染色的钾盐，还有一些是来自于微量的氯化铁、氧化铁、氯化亚铁和氢氧化铁。

最新积淀的沉积物通常接近于白色，而年代久远的堆积物则大都已经生锈，由于逐渐形成氧化铁而变成了微红色。所以盐层看上去就好像天上的彩虹，美轮美奂。走近盐层，你还会从盐晶的外形中看到多种迷人的图案和变化，有趣极了。

达洛尔采矿业的历史

此外，达洛尔的采矿业还有一段有趣的开采历史。20世纪初叶，勇敢的探险者来到达洛尔，并在这里发现了大量的碳酸钾矿藏（碳酸钾可以用来生产化肥）。

于是意大利的一家公司就在达洛尔设立了一个小型的采矿场，并在此基础上建起了城镇。

而有趣的是，达洛尔的建筑物是都由盐砖建造的。城镇内所有建筑物的墙壁都是由盐块做成的，因为盐块是当时几千米内唯一可用的建筑材料。

如今，当时采矿场的遗迹，以及一条连接厄立特里亚法蒂玛港的窄轨铁路，虽被保留了下来，但由于缺乏文字记录，达洛尔的历史仍旧是个谜。因为在那里没有人类生存的记录。

火山喷发后的价值

火山喷发可以增加资源，火山资源的利用可以给人们带来生活的乐趣和便利。一般来说，火山资源主要体现在它的旅游价值、地热利用和火山岩材料方面。

火山喷发可带来地热资源。地热能是一种廉价的新能源，同时无污染，因而具有广泛的应用。地热资源干净卫生，大大减少了石油等能源进口。

火山活动还可以形成多种矿产，最常见的是硫黄矿的形成。陆地喷发的玄武岩，常结晶出自然铜和方解石，海底火山喷发的玄武岩，常可形成规模巨大的铁矿和铜矿。另外，我们熟知的钻石，其形成也和火山有关。

玄武岩是一种分布广泛的火山岩，同时它也是良好的建筑材料。熔炼后的玄武岩称为"铸石"，可以制成各种板材、器具等。它最大的特点是坚硬耐磨、耐酸、耐碱、不导电和可作保温材料。

火山爆发对自然景观的影响十分深远。土地是世界最宝贵的资源，因为它能孕育出各种植物来供养万物。而如果火山爆发给土地盖上不到20厘米的火山灰，这对农民来说可是喜从天降，因为火山灰富含很高的养分，能使土地更肥沃，给庄稼带来丰收。熔岩崩解后，杂草苔类也开始冒出来。

此外，火山爆发后还带来奇异景观。间歇泉是火山喷发后期的一种自然现象。当地下的高温将地下水加温到一定压力后，水和蒸气就会从喷口处冲出，压力降低后便停止喷出，进入下一个过程。

世界上有很多著名的间歇泉，如美国黄石公园的间歇泉，其中有些可射到100多米高，其惊涛骇浪般的吼声使人惊心动魄。老忠实泉，它喷出的水柱可高达180米左右，沸水散发出的蒸气

就像一团洁白的云挂在蓝天上，美丽极了！

有的火山口底部有沸腾的岩浆湖，这也是一大奇观。如夏威夷岛上的基拉韦厄火山口直径4千多米，深130米，在这个"大锅"的底部，就是一片深十几米的岩浆湖，有时湖上还会出现高达数米的岩浆喷泉。还有火山爆发后留下的巨大火山口，可以堪称是大自然的鬼斧神工之作。

如号称"世界第八奇迹"的恩戈罗火山口，它深达600多米，上面直径为18千米，面积254平方千米，活像一口直上直下的巨井。而在这口"巨井"里，还生活着许多动物，简直就像一个热闹的动物园。

延伸阅读

苏门答腊岛上的多巴火山是全球第二大超级火山，面积达1130平方千米。关于这座超级火山的爆发，人们至今还能够看到一个长100千米、宽60千米的破火山口，里面充满了湖水。它就是如今印度尼西亚最大的内湖——多巴湖。多巴火山持续爆发了7天，三天就使得半个地球上空被火山灰所覆盖。同时，还使得地球上的气温平均下降了5℃，且持续多年。在地球北部甚至下降了15℃。

喀麦隆火山

喀麦隆火山是非洲西部的一座复式活火山，它位于喀麦隆西南部几内亚湾沿岸，当地人将其名为"伟大的山"。

喀麦隆火山地貌概况

喀麦隆火山呈东北一西南向，基底长50千米，宽35千米，面积1200平方千米，山体呈椭圆形。海拔4070米，由玄武岩组成，为喀麦隆和非洲西部沿海最高峰。

该火山在5世纪~19世纪曾发生过多次喷发，据记载，有记录的达9次以上。20世纪以后，又先后喷发过4次，最近的一次是于1982年10月喷发的。

火山的西南坡因面向大西洋，所以成为世界降水最多的地区之一，年平均降水量1万毫米以上，山顶有时会有降雪。缓坡处遍布肥沃的火山土。人口稠密，经济发达，多香蕉、橡胶、油棕、茶、可可等种植园。

喀麦隆西南部的火山，由几内亚湾向内陆延伸23千米，海拔4095米，为撒哈拉以南西非和中非的最高峰。布埃亚市在山的东南坡，维多利亚港在山的南麓。

走近喀麦隆火山

初次走进喀麦隆，首先映入眼帘的是无处不在的热带雨林。虽然，赤道两侧的非洲国家拥有这种雨林并不特别，但像喀麦隆这么集中且又靠近城市的雨林却很少见。在经济首都杜阿拉到政治首都雅温得200多千米的高速公路两旁，到处都是高大而浓密的雨林铺天盖地而来的景象。

特别是从杜阿拉前往林贝海滩的沿途，那些由椰子、橡胶、油棕、芭蕉等树木为主构成的雨林更是浓密葱绿到了"青翠欲滴"的地步，叫人不得不喜爱。

为什么这里的雨林会如此浓密和葱绿呢？原来，这里除了离

赤道不远外，还因为这一带是火山区，就在几内亚湾沿岸最大的喀麦隆火山脚下。一般人都认为，凡是火山脚下的土地都是比较肥沃的，生长的植物当然也就跟着茂密起来了。

放眼望去，周围都是一些不高的多锥形的绿色山冈，平均海拔均在千米左右。无论是山脚下还是山坡上，到处是青山叠翠，群峰染绿，植物生长在这里，简直达到了极致。翻过几座山头，不远处就是一座云雾缭绕中的大山兀然而立着。它庞大的身躯直连大海，高昂的山峰深藏云端，不禁让人有"高山仰止"的感觉。这就是著名的喀麦隆火山。

喀麦隆火山就像一个庞大的圆丘，矗立在大西洋边上，自古以来就是航海家们的陆标。

喀麦隆火山简介

喀麦隆火山由于山顶终年云雾弥漫，所以它的全貌很难被人所看到。它不仅是一座活火山，而且是一座奇特的火山。一般的火山都是顶部喷火，而它却偏是腰间喷火。因此，在远处看来，它就像一座喷火的战车。

公元前5世纪初，古代迦太基航海家哈农从远处看到这种山腰间喷火时，就称它为"神之战车"。

该火山在历史上最大的一次喷发，前后共持续了一个多月。现在，即使从它的脚下经过，也能明显地看到满山坡都是凝固了的黑色火山熔岩。

该火山除了喷发熔岩外，还向四周喷散出无数的火山灰。这一带的土壤就是发育在年代较新的火山灰上，因此养分十分丰富。再加上火山南麓的丰富降水，使得这里成了不可多得的植物生长地。

早在殖民时代，西方人就对这里的雨林倍感兴趣，农作物种植和雨林研究都比较发达。

这里的维多利亚种植园

不仅在非洲，而且在全世界都很有名气。它是英国传教士在1858年创建的，面积达万顷之广，共有热带植物1500多种。另外，在附近库鲁普国家公园内，至今还生长着从冰川时期就幸存下来的世界最古老的热带雨林。

火山现状及景色奇观

喀麦隆最著名的旅游度假胜地林贝，面临大西洋的几内亚湾，背靠喀麦隆火山。海岸曲折，景色优美，但最为奇特的还是这里的黑沙滩。人们多见过白沙滩和黄沙滩，但黑沙滩恐怕很少有人听说过，但林贝海滨的沙滩就是黑的，原因是火山的作用。火山腰间喷出的熔岩和火山灰，大量地朝着大海方向流动。熔岩流向了大海深处，而火山灰就与海滩上的泥沙糅合在一起。在经过海水和风力长年累月的作用，熔岩与泥沙合二而一，就变成了具有巧克力色的黑沙滩。这里沙滩黑黝黝的，又细又软，简直是世界一大奇迹。

黑沙滩不仅是独一无二的天然景观，而且由于有火山灰的成分，它还具有特殊的理疗功能。很快，黑沙滩海水浴可以治疗疾病的消息流传开来，越来越多的游客开始踏上了这条征程，当然黑沙滩也就成了众人的第一选择。火山脚下尽沃土，这已是人所共知的事实。但火山造成的黑沙滩不仅成为天下奇观，而且还能治病，这却是人们意想不到的。

延 伸 阅 读

有珠山，位于北海道洞爷湖南部，是一座海拔737米的活火山。山顶位于珠郡壮瞥町，山体横跨虻田郡洞爷湖町和伊达市。它在20世纪就有4次的火山喷发，因此在世界上也是有名的频发活火山。有珠山是二重式火山，在直径约1.8千米的外轮山山中形成了大有珠、小有珠等。该火山因富含二氧化硫而黏性较强的岩浆，形成熔岩元顶丘和潜在熔岩元顶丘而堆积成新山，是1663年以后的火山喷发的主要特征。

海底火山

　　火山多为陆地上的，但其实海里也存在火山，下面我们来详细介绍海底火山是怎么一回事。所谓海底火山，是在大洋底部形成的火山。海底火山的分布相当广泛，其喷发的熔岩表层在海底就能被海水急速冷却，但内部仍是一个高热状态。多数的海底火山都位于深海区域，但也有一些是位于浅水区域，也包括死火山和活火山，且海底火山在喷发时会向空中喷出物质。此外，在海底火山附近的热气喷发口，还具有丰富的生物活性。

海底火山简介

地球上的火山活动主要集中在板块边界处，而海底火山的分布则相当广泛，大洋底散布着的圆锥山就是它们的杰作。据统计，全世界共有海底火山约2万多座，太平洋拥有约一半以上。这些火山中有的已经衰老死亡，有的正处在年轻活跃时期，还有的在休眠。而现有的活火山，除了少量在大洋盆地外，其他大部分都在岛弧、中央海岭的断裂带上，呈带状分布。板块内部有时也存在一些火山活动，但数量通常很少。

海底火山有大有小，以一二千米高的小海山最多，超过5千米高的就很少见了，能够露出海面的海山更是屈指可数。最值得一提的是美国的夏威夷岛，它是海底火山最典型的功劳。夏威夷岛拥有面积1万多平方千米，岛上10万余众居民，气候湿润，森林茂密，土地肥沃，是盛产甘蔗与咖啡的好地方，同时优美的环境也使得它成为一个旅游胜地。坐落于夏威夷岛上的冒纳罗亚火山，海拔4170米，它的大喷火口直径达5000米，早在1950年就曾经大规模地喷发过，是世界上有名的活火山。

海底火山喷发时，在水较浅、水压力不大的情况下，常有壮观的爆炸现象。这种爆炸性的海底火山在爆发时，会产生大量的气体，这主要是来自地球深部的水蒸气、二氧化碳及一些挥发性物质，还有大量火山碎屑物质及炽热的熔岩喷出，在空中冷凝为火山灰、火山弹、火山碎屑等。地中海就曾借助火山灰出现过"火山岛"的现象。

海底火山俱乐部

海边缘火山是指沿大洋边缘的板块俯冲边界，分布着的弧状火山链。它是岛弧的主要组成单元，与深海沟、地震带及重力异常带相伴生。在岛弧火山链中，有些是水下活火山，这种火山一旦突然释放，就会形成爆发式火山。大洋中脊是玄武质新洋壳生长的地方，海底火山与火山岛顺中脊走向成串出现。据估计，全球约80％的火山岩都产自大洋中脊，中央裂谷内遍布在海水中迅速冷凝而成的枕状熔岩。中脊处的大洋玄武岩是标准的拉斑玄武岩，这

种拉斑玄武岩是岩浆沿中脊裂隙上升喷发而生成的产物，它组成了广大的洋底岩石的主体。洋盆火山是散布于深洋底的各种海山，它包括平顶海山和孤立的大洋岛等，是属于大洋板块内部的火山。起初，洋盆火山只是沿洋底裂隙溢出的熔岩流，以后逐渐长大，大部分的海底火山在到达海面之前就不再活动，停止生长。其中高出洋底1000米以上的称海山，而不足1000米的称海丘。

当火山锥渐次加宽，就形成了火山岛，邻近的火山岛连接起来便成了较大的岛屿，如夏威夷岛。洋盆火山的活动一般不超过几百万年，出露海面的火山停止活动，将被剥蚀作用削为平顶。在各大洋中，特别是太平洋，发现有许多平顶的水下死火山。尽管它们的顶部可能冠有珊瑚礁，但其主体都是火山锥。

延伸阅读

全世界的活火山有500多座，其中在海底的有近70座，即海底活火山约占全世界活火山数量的1/8。海底活火山主要分布在大洋中脊和太平洋周边区域。大洋中脊在大洋中部，是屹立于洋底的大型山脉，它是海洋板块的生长点，是新洋壳产生的地带。大洋边缘的海底火山。在大洋的边缘，特别是西太平洋的边缘，由于大洋板块较重，所以大样板块俯冲到大陆板块之下，形成岛屿——海沟系列，地形岛弧往往有火山活动，有些是在岛上喷发，有些则是在海底喷发。

宇宙火山

最遥远的火山在哪里？在浩瀚的星空中，月球看起来总是如此平静，那里也有火山吗？让我们把目光放在那些低迷、或是闪烁的星球上，来寻找火山的足迹。

月球上会有火山吗？

我们世代生活在变化万千的地球上，我们熟知这里的一切，我们知道我们生活的土地上有什么。然而，当我们把目光放到地

球之外的星体上，却发现那里有着更多让我们大为意外的惊喜。

在看似平静的月球上也存在着火山，它虽没有类似夏威夷或圣海仑那样的巨大火山。但是，它的表面也被巨大的玄武熔岩（火山熔岩）层所覆盖着。早期的天文学家认为，月球表面的阴暗区是广阔的海洋，因此，他们称之为"mare"，在拉丁语中意思是"大海"。很显然，这是错误的，这些表面的阴暗区其实是由玄武熔岩构成的平原地带。

除了具有玄武熔岩构造外，月球的阴暗区还存在其他火山特征。其中最突出的，例如蜿蜒的月面沟纹、黑色的沉积物、火山圆顶和火山锥。不过，这些特征都不显著，只是月球表面火山痕迹的一小部分而已。

月球上的阴暗区

与地球火山比起来，月球火山可谓是老态龙钟。月球上的大部分火山年龄在30亿~40亿年间，这是地球火山所无法比拟的。典型的阴暗区平原，年龄为35亿年，像最年轻的月球火山，少说也有1亿年的历史。而在地质年代中，地球火山属于青年时期，一般年龄都小于10万年。

而最古老的岩层，也只有3.9亿年的历史，年龄最大的海底玄武岩200万岁。虽年龄相对较小，但性格却十分活跃，而月球上就没有任何新近的火山和地质活动迹象了。因此，月球被天文学家称为是"熄灭了"的星球。

地球火山多呈链状分布。如安第斯山脉，其火山链勾勒出一个岩石圈板块的边缘。

夏威夷岛上的山脉链，则显示板块活动的热区。而月球上没有板块构造的迹象。典型的月球火山多出现在巨大古老的冲击坑底部。因此，大部分月球阴暗区都呈圆形外观。冲击盆地的边缘往往环绕着山脉，将阴暗区紧密包围着。

月球阴暗区主要出现在月球较远的一侧，几乎覆盖了这一侧的1/3面积。而在较远一侧，阴暗区的面积仅占2%。然而，较远一侧的地势相对较高，地壳也较厚。

由此可见，控制月球火山作用的主要因素是地表高度和地壳厚度。月球的地心引力仅为地球的1/6，这意味着月球火山熔岩的流动阻力较地球更小，熔岩行进更为流畅。

这也是月球阴暗区表面大都平坦而光滑的原因。此外，地心引力小，还使得喷发出的火山灰碎片能够落得更远。因此，月球火山的喷发，只形成了宽阔平坦的熔岩平原，而没有类似地球形态的火山锥。

另外，月球阴暗区是完全干涸的。这说明月球火山的喷发不怎么强烈，熔岩或许仅仅是平静流畅地涌出地面。

宇宙火山——火星火山

火星，既然牵扯到一个"火"字，想必一定有火山存在。事实上，火星拥有太阳系中最大的盾状火山。同时，科学家还在火星表面发现了大量火山的痕迹，包括火山锥、罕见的帕特那构造、类似月球阴暗区的火山平原，以及许多其他的细小特征。尽管如此，但火星火山的数量却不多，迄今为止，被命名的火山只

有不到20个，而其中，只有5个呈巨大的盾形。

与月球火山一样，火星火山也非常古老。火星上类似月球阴暗区的平原年龄也在3亿~3.5亿年之间。

但是，火星火山的活动过程似乎比月球较为长久，而且火山活动会随着时间的推移而改变。大型的盾状火山更加年轻，多形成于1亿~2亿年前。奥林匹斯火山上最年轻的熔岩流仅有2千万~2亿年的历史，不过，这些熔岩流规模很小，或许它们就是火星火山活动的最后喘息记录。所以今天，很难在火星上发现活火山。

火星上没有板块构造的迹象，没有冗长的山脉，没有类似地球的火山分布链。一半以上的火星表面是深深的冲击坑，与月球较远的一侧十分相似。然而，与月球不同的是，火星火山大多分布在冲击盆地之外，而类似月球阴暗面的火山平原也多数靠近大型火山。

宇宙火山——金星火山

金星上可谓是火山密布，是太阳系中拥有火山数量最多的行星，现已发现的大型火山和火山特征有1600多处。此外，还有无数的小火山，估计总数会超过10万，甚至100万。金星火山造型各异。

除了较普遍的盾状火山，还有很多复杂的火山特征和特殊的火山构造。尽管大部分金星火山早已熄灭，但不排除小部分依然活跃的可能性。

金星与地球有许多共同之处。首先它们大小、体积接近。另外，金星的地表年龄也非常年轻，约5亿年左右。金星地表没有水，其风速也较缓慢。这就是说，金星地表既不会受到风的影响也没有雨水的冲刷。因此，金星的火山特征能够清晰地保持很长一段时间。

金星上没有板块构造，没有线性的火山链，也没有明显的板块消亡地带。尽管金星上峡谷纵横，但没有那一条看起来类似地球的海沟。

宇宙火山——Io火山

Io是木星的第二卫星，大小和密度与月球相当。Io是迄今为止所发现的太阳系中火山最活跃的星球。火山活动在Io上强烈且频繁，星球表面每1百万年就会沉积100米厚的火成碎屑物。在其

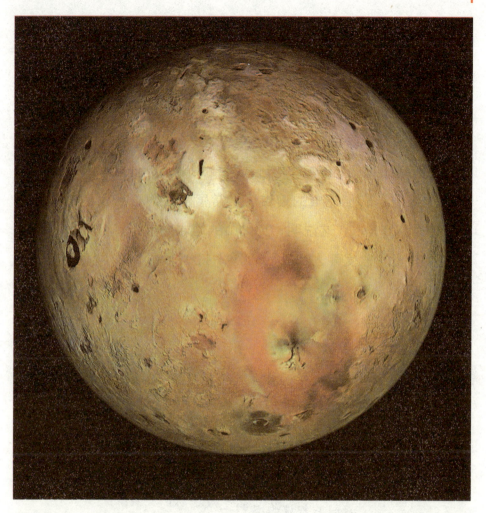

他星球上，冲击坑比比皆是，而Io的照片上却没有冲击盆地的痕迹。这是因为频繁的火山喷发，造成冲击坑早已经被火山尘埃所掩盖。

科学家普遍认为，Io和地球的构造一样，具有层里结构，但到底有多少层，如何形成的就不得而知了。Io星球上的山脉崎岖而孤立，它们被一块块的平原分隔。山脉面积占Io星球表面的2%。一般山脉长度在9千米左右，也有个别的山脉延伸到100千米以外。星球表面大约40%的面积被平原所覆盖。

关于Io平原的形成，有两种猜测，一是由火山喷发出的火成碎屑物沉积形成的覆盖层，二是由不同成分、不同年代的熔岩流凝固形成的。因为在一些平原的边缘，可以发现层积的迹象。Io平原上的悬崖也是星球上的侵蚀迹象之一。

Io星球上最大的火山口直径超过250千米，低矮、平缓的火山口更是普遍。它们流出的熔岩流常常覆盖了附近巨大的面积，延伸可达到700千米。这说明，Io火山的熔岩黏度低，且喷发速度非常快，其喷发速度可达到每秒500米~1000米。

延 伸 阅 读

金星上有150多处大型盾状火山。这些盾状直径多在100千米至600千米之间，其中最大的一座，直径700千米，高度5.5千米。火星盾状火山与地球上的盾状火山有相似之处。它们大都被长长的呈放射状的熔岩流所覆盖，坡度平缓。

除了大型盾状火山，金星上还有10万个直径小于20千米的小型盾状火山。这些火山通常成串分布，被称为盾状地带。盾状地带分布广泛，主要出现在低洼平原或低地的丘陵处。